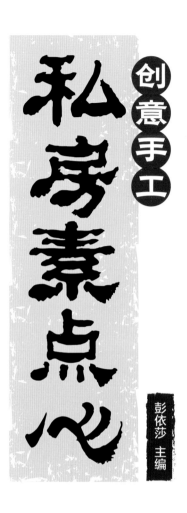

创意手工

私房素点心

彭依莎 主编

U0388215

黑龙江科学技术出版社
HEILONGJIANG SCIENCE AND TECHNOLOGY PRESS

图书在版编目（CIP）数据

创意手工私房素点心 / 彭依莎主编 . -- 哈尔滨：
黑龙江科学技术出版社，2018.10
ISBN 978-7-5388-9783-8

Ⅰ . ①创… Ⅱ . ①彭… Ⅲ . ①糕点－制作 Ⅳ .
① TS213.2

中国版本图书馆 CIP 数据核字 (2018) 第 122406 号

创 意 手 工 私 房 素 点 心

CHUANGYI SHOUGONG SIFANG SU DIANXIN

作　　者	彭依莎	
项目总监	薛方闻	
责任编辑	徐　洋	
策　　划	深圳市金版文化发展股份有限公司	
封面设计	深圳市金版文化发展股份有限公司	
出　　版	黑龙江科学技术出版社	
	地址：哈尔滨市南岗区公安街 70-2 号　邮编：150007	
	电话：（0451）53642106　传真：（0451）53642143	
	网址：www.lkcbs.cn	
发　　行	全国新华书店	
印　　刷	深圳市雅佳图印刷有限公司	
开　　本	723 mm × 1020 mm　1/16	
印　　张	10	
字　　数	120 千字	
版　　次	2018 年 10 月第 1 版	
印　　次	2018 年 10 月第 1 次印刷	
书　　号	ISBN 978-7-5388-9783-8	
定　　价	39.80 元	

Contents
目录

Chapter 03
西式素点心

Chapter 01
素食点心制作入门

吃素的人若想品尝甜蜜的点心，

总得寻寻觅觅，购买相当不便。

从今天开始，

动手自己做爱吃的素点心吧！

本章介绍制作中、西式素点心的制作窍门，

让您能够轻松做出美味的素点心。

中式点心的制作妙招

·制作包子的小技巧

　　小笼包、叉烧包、豆沙包……包子的品种可谓多种多样，但无论是哪种包子，制作的方法都是差不多的，只要和好面，包入调制好的馅料，掌握好蒸煮的火候，就能做出美味的包子。以下是制作包子的一些小妙招。

面里加点油

制作包子的时候，最好在和面时加一点植物油，这样可以避免蒸制的过程中包子出现油水浸出、面皮部分发死，甚至整个面皮皱皱巴巴的情况。

用劲要均匀

包包子的时候，用劲要均匀，尽量让包子周边的面皮厚薄一致。不要因为面的弹性好就使劲拉着捏褶，这样会让包子皮此厚彼薄，油会把薄的那边浸透而影响包子卖相。

快速发酵有窍门

用酵母和面，不需要加碱或者小苏打，如果时间比较紧张，或者天气比较寒冷，不妨多加一些酵母，可以起到快速发酵的效果，且不会发酸。

上屉用冷水

冷水上屉旺火蒸，这样在开火后，面团还有一个随着温度上升而继续饧发的过程，会让包子受热更均匀，容易蒸熟，还能弥补面团发酵的不足。

二次饧发不能落

一定要有二次饧发的过程，且一定要饧好了再上屉，饧发好的包子，掂在手里会有轻盈的感觉，而不是沉甸甸的一团。

厚薄讲分寸

包子的皮跟饺子皮不一样，不需要擀得特别薄，否则薄薄的一小层，面团饧发得再好，也不会有松软的口感。

·美味饺子窍门多

　　饺子作为一种既包含主粮，又包含肉类和蔬菜的食物，营养素比较全面。同时一种饺子馅中可以加入多种原料，轻松实现多种食物原料的搭配，比用多种原料炒菜方便得多。做饺子也是有许多窍门的。

和饺子面的窍门

在500克面粉里加入6个蛋清，使面里的蛋白质增加，这样和出来的面才更加劲道；面要和得略硬一点，和好后放在盆里盖严密封10～15分钟，等面中的麦胶蛋白吸水膨胀，充分形成面筋后再包饺子。

煮饺子不粘连的方法

煮饺子时，如果在锅里放几段大葱，可使煮出的饺子不粘连；水烧开后加入少量食盐，盐溶解后再下饺子，直到煮熟，这样，水开时既不会外溢，饺子也不粘锅或连皮；饺子煮熟后，先用笊篱把饺子捞入温开水中浸一下，再装盘。

高压锅烹饪饺子的方法

煮饺子：在高压锅里加半锅水，置旺火上，水沸后，将饺子倒入（每次煮80个左右），用勺子搅转两圈，扣上锅盖（不扣限压阀），待蒸汽从阀孔喷放约半分钟后关火，直至不再喷汽时，开锅捞出即可。煎饺子：把高压锅烧热以后，放入适量的油涂抹均匀，摆好饺子，过半分钟，再向锅内洒点水，然后盖上锅盖，扣上限压阀，再用文火烘烤5分钟左右，饺子就熟了。用此方法煎出来的饺子，比蒸的、煮的或用一般锅煎出来的饺子好吃。

·制作饼类的重要注意事项

中式点心中的饼是我们经常会吃到的，它香酥可口，但制作起来却不太容易。制饼的方法很多，如烤饼、烙饼、煎饼、炸饼等，无论采取哪种方法做饼，都需要注意以下几点。

揉制面团要注意细节

将面粉揉成团的过程中，千万不要把水一次全部倒进去，而是要分数次加入，这样揉出来的面团才会既有弹性，又能保持湿度。

制作面团时加入油脂

在揉面团时添加油脂是为了提高饼的柔软度和可保存性，并可以防止饼干燥。另外，适量油脂也可帮助面团或面糊在搅拌及发酵时，保持良好的延展性。

选择适用的面粉

面粉是最重要的制饼原料，不同的面粉适合制作不同口味的饼。市面上销售的面粉可分为高筋面粉、中筋面粉、低筋面粉，做不同的饼要选择不同的面粉。

如何选面粉

低筋面粉

低筋面粉筋度与黏度非常低，蛋白质含量也是面粉中最低的，占6.5%～9.5%，可用于制作口感松软的各式锅饼、牛舌饼等。

中筋面粉

中筋面粉筋度及黏度适中，使用范围比较广，含有9.5%～11.5%的蛋白质，可用于制作烧饼、糖饼等软中带韧的饼。

高筋面粉

高筋面粉筋度大，黏性强，蛋白质含量在三种面粉中最高，占11.5%～14%，适合用来做松饼、奶油饼等有嚼劲的饼。

初学者必备的西点制作窍门

· 这样做会让饼干更好吃

粉类过筛后效果好

面粉吸湿性非常强，如果长期接触空气，面粉就会吸附空气中的潮气而产生结块。这时，需要过筛才能去除结块，避免出现小疙瘩。

饼干口感粗糙，可增加油、糖用量

如果饼干的口感很粗糙，一般都与配方中的油、糖用量偏少有很大的关系，如要改变这种状况，可以适当增加油、糖的用量。

增加糖的用量使饼干易上色

饼干难以上色一般是因为配方中含糖量太少，可以适当地增加糖的用量，使比例更加合理。可以在饼干的表面刷上一层糖浆，这样烤出来的饼干颜色会更加好看。

生坯的大小要均匀

尽量做到每块生坯薄厚、大小相对均匀，这样在烘烤时，才能使烤出来的饼干色泽均匀、口感一致。不然，烤出来的成品可能会生熟不均匀，口感糟糕。

· 做出完美面包发酵是关键

影响面团发酵有哪些因素?

① 酵母的质量和用量:酵母用量多,发酵速度快;酵母用量少,发酵速度慢。酵母质量对发酵也有很大影响,保管不当或贮藏时间过长的酵母,色泽较深,发酵力降低,发酵速度减慢。

② 室内温度:面团发酵场所的温度高,发酵速度快;温度低,发酵速度慢。但温度一定要在一个适宜的范围。

③ 水温:在常温下采用40℃左右的温水和面,制成面团温度为27℃左右,最适宜酵母繁殖。水温过高,酵母易被烫死;水温过低,酵母繁殖较慢。如果在夏天,室温比较高,为避免发酵速度过快,宜采用冷水和面。

④ 盐和糖的加入量:少量的盐对酵母生发是有利的,过量的盐则会使酵母繁殖受到抑制。糖为酵母繁殖提供营养,糖占面团总量的5%左右,有利于酵母生长,可使酵母繁殖速度加快。

搅拌时间对面团发酵有什么影响?

搅拌时间的长短会影响面团的质量。如果搅拌不足,则面筋不能充分扩展,没有良好的弹性和延伸性,不能保留发酵过程中所产生的二氧化碳,也无法使面筋软化,所以做出的面包体积小,内部组织粗糙。如果搅拌过度,则面团会过分湿润,粘手,整形操作十分困难,面团搓圆后无法挺立,而是向四周流淌,烤出的面包内部有较多大孔洞,组织粗糙,品质很差。

·零失败做出美味蛋糕

蛋白打发的技巧

首先，需要将蛋白和蛋黄分开，将蛋白放入盆中，器具、蛋白不可以混入蛋黄、水和油，否则无法打发。然后加入部分糖，用电动打蛋器搅打。再加入糖，搅打的过程中会出现细密的泡沫，此时举起打蛋器检查，蛋白不会滴落，但状态较软，即为湿性发泡的状态。最后继续搅打，至提起打蛋器，拉出鹰钩状，即为干性发泡也叫硬性发泡的状态。

如何判断蛋糕是否烤熟？

首先，观察颜色，烤好的蛋糕外观会呈现金黄色而非浅黄色。然后将竹签或针状物插入蛋糕体内，若会粘材料则是没有烤熟，不会粘材料，就代表已经烤熟了。

如何倒扣脱模？

由于一些蛋糕的面粉比例少、水分比例多，烘烤后的组织较松散，所以在烘烤时需要借助模具才能向上膨胀。倒扣可以使蛋糕内部水分蒸发，平整定型，不会因回缩而导致表面不均匀。但是杯子蛋糕一般不需要倒扣，因为它的回缩程度低，倒不倒扣没有什么区别。蛋糕的脱模一般在完全放凉后进行，可以借助脱模刀，沿着模具的边缘和底部分离蛋糕和模具，从而得到漂亮完整的蛋糕。

素食烘焙的问题答疑

问题 01

素食烘焙与普通烘焙有什么区别？

素食烘焙不添加黄油、猪油等动物性材料，非常容易消化，孩子们也可以放心食用。另外也非常适合食素人群和有需要进行减肥的人。

问题 02

口感上，素食烘焙和普通烘焙有什么区别吗？

素食烘焙更多地保留了食材的原始风味，并且有着不油腻、清爽可口等特点，大大降低了食物的油腻感。适合喜好清淡食物的人群。

问题 03

没有使用鸡蛋，蛋糕能够膨胀吗？

可以。在配方中，我们使用香蕉、南瓜这样的食品来增加面团的湿度，增加膨松感我们会使用发酵粉和小苏打。但是一定要记住控制使用的量，如果不慎多放，在味道上有可能出现肥皂味或者苦味。

问题 04

为什么要在甜味产品中添加盐？

在产品中添加少量的盐可以凸显甜味，由于是素食烘焙，书中的甜味剂使用的量都不大，使用盐凸显甜味就显得更加重要。在有些食材本身含盐的情况下，配方中会省略盐。

问题 05

希望做的产品柠檬味、香草味、橙味更重怎么做？

像是柠檬、橙子、柚子这类果皮较厚的水果可以考虑往产品中增添果皮，因这类水果的香气主要藏在果皮中。而香草的话，我们通常使用的是香草精，想要更香浓的香草味可以选择使用香草荚，为了香味更浓可以不只使用香草籽，将香草荚剪成细碎添加在产品中也是可以的。

问题 06

烤出的蛋糕非常硬，一点也不松软是为什么？

这是由于搅拌过度，形成了面筋，因此产生这样的状况。在搅拌制作松饼或蛋糕时，速度要快，只要到没有干粉的地步就可以停下了。过度的搅拌不能使面糊更细腻，反而会让烘烤后的蛋糕像石头一样硬。

问题 07

面包吃上去像饼，非常硬是为什么？

这是由发酵不成功导致的。新手可能无法判断面团发酵的状态，在整形过程中过度揉后不松弛面团也会有可能导致面团发酵失败。制作面包主要在于把握发酵的时间，花些心思，只要多制作几次，有了经验，克服面团发酵的难题指日可待。

Chapter 02
中式素点心

中式点心是我们国家古老的饮食文化，

每当节庆、喜事、祭祀之时，

总是有各种各样的应景糕点。

但是如何把它们玩出新花样，就是个技术活了。

给中式点心加入素元素，

让它变得"仙风道骨"吧！

蒸寿桃包时要注意，
一定要用大火，
只有这样，
蒸出来的寿桃形状才能更饱满。

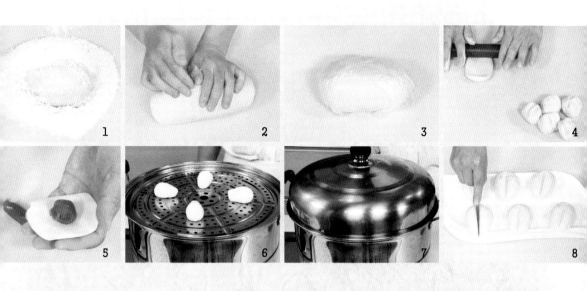

1   2   3   4

5   6   7   8

✹DELICIOUS✹

寿桃包

{ 时间：1小时30分钟　难易度：★★★☆☆ }

材料

低筋面粉__500克

酵母粉__5克

白糖__50克

莲蓉__100克

花生油__少许

粉红食用色素__少许

制作过程

1　将低筋面粉、酵母粉混合匀，加白糖。

2　倒入适量水，拌匀，揉搓成面团。

3　将面团放入保鲜袋中，静置约10分钟。

4　取适量面团，搓成均匀的长条，分成数个剂子，把剂子压扁，擀成面皮，卷起，对折，压成小面团，再擀成中间厚四周薄的面饼。

5　将莲蓉搓成长条，分成数个莲蓉剂子，分别放入面饼中，收口、捏紧，搓成桃子的形状。

6　将蒸盘刷上一层花生油，放入寿桃包生坯。

7　盖上盖，发酵1小时，点火，蒸约10分钟。

8　取出寿桃包，在中间压上一道凹痕，撒上少许粉红食用色素即可。

面团发酵时，
放置在温暖的地方，
可缩短发酵时间。

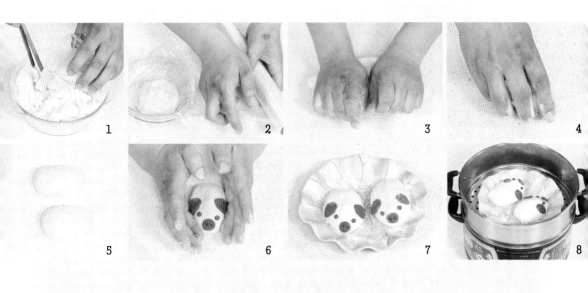

1　2　3　4

5　6　7　8

豆浆猪猪包

{ 时间：45分钟　难易度：★★★☆☆ }

材料

面粉__245克

豆浆__80毫升

红曲粉__3克

酵母粉__5克

制作过程

1　200克面粉加入酵母粉、豆浆，揉搓成面团。

2　将面团装入碗中，用保鲜膜封住碗口，将面团放常温处静置，饧15分钟。

3　撕去保鲜膜，将面团取出放在平板上，撒上适量的面粉，将面团充分揉匀。

4　取适量面团，加入红曲粉，揉搓成红面团。

5　将剩下的面团分成两份，做成两个猪身子。

6　取适量的红面团，捏制成猪眼睛、猪鼻子、猪耳朵，将鼻子、耳朵、眼睛安在猪身上。

7　往盘子中撒上适量面粉，将猪猪包生坯装入盘中。

8　电蒸锅注水烧开，放入猪猪包生坯，蒸15分钟至熟，取出即可。

玉米面较黏，
揉面时手上可多沾一些面粉，
会更方便揉搓。

1 2 3 4

5 6 7 8

✥ DELICIOUS ✥

玉米包

{ 时间: 2小时30分钟 难易度: ★☆☆☆☆ }

材料

玉米面__100克

面粉__200克

玉米粒__30克

牛奶__40毫升

白糖__10克

玉米叶__15克

泡打粉__6克

酵母粉__3克

花生油__适量

制作过程

1 面粉中加入玉米面、泡打粉、酵母粉、白糖、牛奶, 拌匀, 加入花生油, 拌匀。

2 倒在案台上, 揉搓片刻, 制成面团。

3 将面团装入碗中, 用保鲜膜封住碗口, 在常温下将面团发酵2小时。

4 撕开保鲜膜, 将面团取出, 手上沾上少许面粉 (分量外), 将面团揉成条, 分成两份, 擀成面皮。

5 放入适量的玉米粒, 将面皮卷成卷, 包好, 制成玉米状, 用刀在表面划上网格花刀。

6 往盘中撒上面粉 (分量外), 放入玉米包生坯。

7 电蒸锅注水烧开, 放入玉米包, 蒸15分钟。

8 取出, 用玉米叶贴在玉米包上做成玉米造型即成。

DELICIOUS

紫薯包

{ 时间: 2小时30分钟   难易度: ★★★☆☆ }

材料

面粉__250克

酵母粉__5克

白糖__10克

熟紫薯__100克

豆沙馅__适量

制作过程

1　230克面粉加酵母粉、白糖、适量水搅匀。

2　倒在案台上，揉搓成面团，装入碗中，用保鲜膜封住碗口，常温发酵2小时。

3　将熟紫薯装入保鲜袋，擀成泥，装入盘中。

4　将发酵好的面团取出，撒上少许面粉，将面团压扁成饼状，卷起包住紫薯泥，揉搓均匀，分成小剂子，擀成面皮，分别包入适量豆沙馅。

5　将包子放入烧开的蒸锅，蒸15分钟，取出即可食用。

✤ DELICIOUS ✤

萝卜丝煎饺

{ 时间：30分钟　难易度：★★★☆☆ }

| 材料 | 制作过程 |

材料

胡萝卜丝__200克

白萝卜丝__100克

葱花__50克

姜末__适量

饺子皮__适量

盐__4克

花生油__适量

黑芝麻__适量

制作过程

1　将胡萝卜丝、白萝卜丝、盐、姜末、葱花放入碗中，拌匀，加入少许花生油，搅匀成馅料。

2　将饺子皮包入馅料，对折包好，即成饺子生坯。

3　将包好的饺子生坯放入蒸锅。

4　蒸锅注水烧开，放入饺子生坯，大火蒸5分钟。

5　揭盖，取出蒸好的饺子。

6　煎锅中倒入适量花生油烧热，放入蒸好的饺子，撒上适量黑芝麻，煎至两面呈金黄色，盛出装盘即可。

一定要用平底锅来煎饺子，
这样不会粘锅，
煎时油可略微多些。

DELICIOUS

生煎白菜饺

{ 时间：50分钟　难易度：★★☆☆☆ }

材料

大白菜__60克

胡萝卜__110克

香菇__70克

面粉__165克

白芝麻__2克

姜末__8克

香菜__少许

盐__3克

酱油__6毫升

橄榄油__适量

制作过程

1　面粉加水揉成面团，封上保鲜膜饧20分钟。

2　大白菜、香菇、胡萝卜均切粒；白菜粒中撒少许盐搅拌，腌渍10分钟，沥干水分备用。

3　热锅注入橄榄油，放入姜末，爆香，再放入胡萝卜粒、香菇粒，炒匀。

4　放入盐、酱油、白菜粒，炒入味，制成馅料。

5　取出饧好的面团，制成小剂子，撒上面粉，用擀面杖将面饼擀成面皮。

6　将馅料放在面皮中，包成饺子，待用。

7　热锅注油，烧至五成热，放入饺子，煎香后注水，盖上盖子，煎煮4分钟，转小火。

8　揭盖，撒入白芝麻，煮2分钟，撒上香菜即可。

❖ DELICIOUS ❖
翡翠白菜饺

{ 时间：45分钟　难易度：★★★☆☆ }

材料

面粉__500克

葱__15克

姜__5克

白菜__200克

菠菜叶__150克

盐、芝麻油__各适量

花椒粉、生抽__各适量

味精、植物油__各适量

饺子调料粉__适量

制作过程

1　菠菜叶打成菠菜泥，然后用200克面粉加适量菠菜泥和成绿色面团，剩下300克面粉和成白色面团。饧发半小时。

2　白菜切碎，加入葱、姜、芝麻油、花椒粉、饺子调料粉、生抽、盐、味精、植物油制成肉馅。

3　绿色面团擀成长方形片放到下面，白色面团搓成长条放在上面，用绿色面团把白色面团卷起来。

4　切成剂子压扁，擀成大小均等的皮。

5　放入适量的馅料，逐个包好。

6　开水下锅，待水开后再续煮8分钟，捞出即可。

菠菜还可以换成其他的蔬菜，
比如苋菜、胡萝卜等，
颜色也很漂亮。

DELICIOUS

豆角素饺

{ 时间: 30分钟 难易度: ★★★☆☆ }

材料

澄面__300克

淀粉__60克

豆角__150克

橄榄菜__30克

胡萝卜__120克

盐__2克

味精__2克

水淀粉__8毫升

花生油__适量

制作过程

1 豆角、胡萝卜切成粒。锅中注水烧开，倒入胡萝卜粒和豆角粒，搅拌，煮1分钟捞出，沥干水分。

2 起油锅，倒入胡萝卜粒和豆角粒，炒匀，放盐、味精，加入橄榄菜、水、水淀粉，炒匀成馅料。

3 把澄面和淀粉倒入碗中，混合匀，开水烫面，搓成光滑的面团，制成饺子皮。

4 取适量馅料放在饺子皮上，收口捏紧，收口处捏出小窝，在小窝中放胡萝卜粒、豆角粒、橄榄菜点缀，放入蒸锅，蒸4分钟，取出即可。

萝卜小馄饨

{ 时间: 25分钟　难易度: ★★☆☆☆ }

材料

馄饨皮__250克

鸡蛋__3个

胡萝卜__100克

胡椒粉__2克

花生油__适量

淀粉、姜末、葱花__各适量

盐、芝麻油、生抽__各适量

制作过程

1　将胡萝卜剁成末；鸡蛋打入碗中，搅散。

2　锅中注油烧热，放入鸡蛋，炒散，盛出。

3　取一碗，倒入鸡蛋、盐、姜末、葱花，淋入生抽，顺时针搅匀，倒入胡萝卜末，搅匀，放入淀粉，加少许花生油，搅匀后制成馅料。

4　取馄饨皮，包入馅料。

5　锅中注水烧沸，加入馄饨，煮至浮起后稍煮片刻。

6　取一碗，倒入生抽、胡椒粉、葱花、芝麻油、盐，搅匀成味汁，放入馄饨即可。

❧ DELICIOUS ❧

卷心菜锅贴

{ 时间：25分钟　难易度：★★☆☆☆ }

材料

卷心菜__1200克

葱花__10克

姜蓉__10克

饺子皮__适量

生抽__15毫升

米酒__10毫升

芝麻油__4毫升

盐__4克

花生油__适量

制作过程

1　卷心菜切细碎装入碗中，加入少许盐，揉搓使其出水，腌渍20分钟。

2　挤去卷心菜里多余的水分，装入碗中，放入生抽、米酒、芝麻油、盐充分搅拌均匀，加入姜蓉、葱花，充分拌匀即成馅料。

3　取适量馅料放入饺子皮中，对折成半圆，由中心处捏合，制成饺子生坯。

4　煎锅注油烧热，排入锅贴，淋入适量清水，小火煎5分钟，用中火将水收干至锅贴熟透即可。

⊱ DELICIOUS ⊰

韭菜盒子

{ 时间: 45分钟   难易度: ★★☆☆☆ }

材料

韭菜__200克

蛋液__80克

水发香菇__20克

高筋面粉__150克

低筋面粉__50克

白糖__2克

芝麻油__5毫升

盐__4克

花生油__适量

制作过程

1　热锅注油烧热,倒入蛋液,煎成蛋皮,盛出,切成丝;韭菜切碎;泡发好的香菇切丁。

2　将白糖、盐、芝麻油倒入碗中,加入蛋皮丝、韭菜碎、香菇丁,充分拌匀制成馅料。高筋面粉、低筋面粉混合过筛装入大碗中,冲入热水,搅拌匀。

3　大碗中加入花生油,揉成面团,饧发30分钟。

4　面团切成小剂子,擀成面皮,每个面皮放适量馅料,对折后将边缘往内折出螺旋纹理。煎锅注油烧热,放入韭菜盒子,煎至两面金黄。

❧DELICIOUS❧

桃酥

{ 时间：40分钟　难易度：★★☆☆☆ }

材料

低筋面粉__200克

橄榄油__110毫升

蛋液__30克

生核桃碎__60克

泡打粉__4克

小苏打__4克

熟黑芝麻__适量

白糖__50克

制作过程

1 将生核桃碎放置在铺了油纸的烤盘上，放入预热180℃的烤箱中层，烤制8~10分钟。

2 与此同时，将橄榄油、25克蛋液、白糖混合，用手动打蛋器搅拌均匀。

3 将低筋面粉、泡打粉、小苏打混合均匀，筛入步骤2的液体内。

4 用橡皮刮刀翻拌均匀。

5 将烤过的核桃碎倒入面团中，翻拌均匀。

6 取一小块面团，揉成球按扁，依次做好所有的桃酥，刷上蛋液，撒上少许熟黑芝麻，送入预热180℃的烤箱中层，烤20分钟左右至表面金黄即可。

饼坯制作完成后，
最好静置饧一会儿，
烘烤时饼着色才均匀。

DELICIOUS

龙凤喜饼

{ 时间：1小时40分钟　难易度：★★☆☆☆ }

材料

低筋面粉__420克

鸡蛋__2个

糖粉__160克

麦芽糖__适量

盐__适量

奶粉__适量

泡打粉__适量

制作过程

1　将鸡蛋打散，搅成蛋液。将麦芽糖、糖粉、盐装入容器中，搅拌匀，分次加入蛋液（留少许备用），搅拌均匀，再加入奶粉拌匀，制成内馅。

2　另一大碗中过筛加入低筋面粉、泡打粉，混合匀制成面团。面团包上保鲜膜，冷藏饧发1小时。

3　将饧发好的面团取出，搓成长条，切成数个100克的剂子，待用。

4　剂子压扁，将内馅放在里面，捏紧收口。

5　将饼坯均匀地蘸上面粉，填入模具中压实。分别左右施力轻轻将饼坯脱模，放入烤盘。

6　将烤盘放入烤箱，以上火210℃、下火200℃，烤18分钟定型，取出后均匀地刷上蛋液，再烤12分钟即可。

做好的喜饼应尽快食用，
一次食用不完需要用保鲜袋封好，
放在低温处保存。

1

2

❧ DELICIOUS ❧
海苔酥饼

{ 时间：40分钟　难易度：★★★☆☆ }

材料

低筋面粉__200克

橄榄油__110毫升

生核桃碎__适量

蛋液__30克

泡打粉__4克

小苏打__4克

海苔碎__适量

白砂糖__50克

海苔条__适量

制作过程

1　将生核桃碎放置在铺了油纸的烤盘上，放入预热180℃的烤箱中层，烤制8~10分钟。

2　将橄榄油、蛋液、白砂糖混合，用手动打蛋器搅拌均匀。

3　将低筋面粉、泡打粉、小苏打混合均匀，筛入步骤2的液体内。

4　用刮刀翻拌均匀。

5　倒入海苔碎，搅拌均匀。

6　取一小块面团，揉成球按扁，再包上海苔条做装饰，放入烤盘，其余面团依此操作。送入预热180℃的烤箱中层，烤20分钟左右至表面金黄即可。

4

5

6

DELICIOUS

莲子饼

{ 时间：25分钟　难易度：★★★☆☆ }

材料

糯米粉__150克
莲子__15颗
牛奶__90毫升
白砂糖__60克

制作过程

1 把莲子洗净去心，放入烧开的锅中煮熟，再用擀面杖把煮熟的莲子压成泥。

2 取一空碗，放入130克糯米粉、白砂糖与莲子泥，将其混合均匀。

3 将牛奶倒入糯米粉中，搅拌至无颗粒的米浆状。

4 放入烧开的蒸锅中蒸15分钟至熟，取出，拌匀成团状。

5 将剩余20克糯米粉放入小锅中，小火慢炒至熟。

6 将面团分成等量的小剂子，蘸上炒熟的糯米粉，放入模具中，双手按压成型即可。

可以把牛奶砂糖换成炼奶，
这样味道会更香浓。

❖DELICIOUS❖

乳山喜饼

{ 时间：40分钟　难易度：★★☆☆☆ }

材料

中筋面粉__350克

鸡蛋__2个

酵母粉__4克

植物油__40毫升

白糖__60克

制作过程

1 鸡蛋、植物油、白糖加入中筋面粉中。

2 酵母粉加入温水化开，再倒入面粉内制成面团。

3 将面团放入温暖处发酵至两倍大。

4 把面团分成8个大小一样的剂子。

5 分别排气揉至光滑，再揉圆，擀成小圆饼。

6 放入烤盘，放在温暖处发酵。

7 放进烤箱，按发酵键发酵至饱满，刷一点油。

8 烤箱预热150℃，放入发酵好的饼坯，烤15分钟左右，翻面，再续烤15分钟即可。

DELICIOUS

蔓越莓水晶粽

{ 时间：14小时　难易度：★★★☆☆ }

材料

蔓越莓干__30克

西米__200克

粽叶__若干

粽绳__若干

制作过程

1　往西米中注入适量水，浸湿后将水滤去。

2　取浸泡过12小时的粽叶，剪去柄部，从中间折成漏斗状。将西米、蔓越莓干逐一放入，压平。

3　将粽叶贴着食材往下折，再将右叶边向下折，左叶边向下折，分别压住，再将粽叶多余部分捏住，贴住粽体。用浸泡好的粽绳捆好扎紧，将剩余的食材依次制成粽子。

4　电蒸锅注水烧开，放入粽子，盖上盖，煮1个半小时，取出放凉，剥开粽叶即可食用。

网丝皮和威化纸两者质地都很薄，
宜用较高的油温炸制，
但炸的时间不宜过长，
以免炸煳。

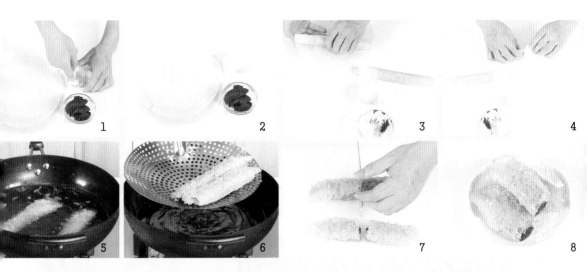

网炸豆沙卷

{ 时间：10分钟　难易度：★★☆☆☆ }

材料

网丝皮__数张

威化纸__数张

红豆沙__60克

低筋面粉__少许

花生油__少许

制作过程

1 低筋面粉加少许水，调成糊状。

2 取一张网丝皮和威化纸叠在一起。

3 放上适量红豆沙，捏成长条状，卷起，裹成长条状。

4 蘸上少许面糊封口，制成生坯。

5 热锅注油烧至六成热，放入生坯，炸约2分钟。

6 把炸好的豆沙卷捞出，沥干油。

7 将豆沙卷切段。

8 把切好的豆沙卷装盘即可。

✦ DELICIOUS ✦
煎饼果子

{ 时间：15分钟　难易度：★★★☆☆ }

材料

面粉__30克

黄豆面__30克

玉米面__30克

鸡蛋__2个

葱段__10克

榨菜__40克

油条__30克

蒜蓉辣酱__10克

甜面酱__20克

香菜__7克

花生油__适量

制作过程

1　榨菜切成碎，待用。在备好的碗中放入玉米面、黄豆面、面粉。

2　注入适量水搅拌均匀，搅成面糊。

3　热锅注油烧热，放入面糊，再打入鸡蛋，用勺子将鸡蛋摊平，转小火煎3分钟至表面焦黄，翻面煎3分钟。在鸡蛋饼上刷上甜面酱、蒜蓉辣酱。

4　放入榨菜碎、油条、葱段、香菜。

5　将面饼卷起来，用锅铲将面饼切开。

6　放入备好的盘中即可。

4

5

6

✦ DELICIOUS ✦

麻酱烧

{ 时间：25分钟　难易度：★★☆☆☆ }

材料

中筋面粉__300克

酵母粉__12克

熟芝麻__150克

芝麻酱__110克

盐__8克

花椒粉__10克

五香粉__3克

蜂蜜__10克

制作过程

1　酵母粉、中筋面粉加水混合匀揉成面团。

2　常温下静置发酵成两倍大。

3　芝麻酱里倒入盐、花椒粉、五香粉，混合匀。

4　面团分割成4个小面团，取其中一个擀成薄饼。

5　涂抹上芝麻酱，从一头卷起来，切成小块。

6　再将两头封口，往下按扁，擀成小圆饼。

7　将小圆饼放入烤盘中，蜂蜜和水调和均匀，刷在饼上。蘸上一层熟芝麻，放入烤盘，放入预热好的烤箱内，以180℃烤20分钟即成。

❖ DELICIOUS ❖

扁月烧

{ 时间：30分钟　难易度：★★☆☆☆ }

材料

白豆沙__300克

水__50毫升

麦芽糖__25克

熟蛋黄__25克

熟糯米粉__10克

生蛋黄__10克

绿豆沙__200克

味淋__适量

熟白芝麻__适量

制作过程

1　将麦芽糖与水、白豆沙放入锅中煮软后关火。

2　熟蛋黄碾碎后加入到白豆沙中拌匀，再加入熟糯米粉和味淋拌匀，分次加入生蛋黄搅拌至耳垂的软硬度，分成每个质量为40克的小饼坯。

3　将200克绿豆沙分成每个20克的内馅，搓圆。

4　将每个饼坯压扁，包入一个内馅，整成圆形后压扁，收口朝下排列于烤盘中，刷上味淋，撒上熟白芝麻，放入烤箱的中层，烘烤约20分钟，至饼皮呈金黄色即可。

1

2

☀DELICIOUS☀

蒸年糕

{ 时间: 1小时10分钟　难易度: ★★☆☆☆ }

材料

糯米__1500克

大枣__80克

花生__100克

芭蕉叶__100克

白糖__500克

制作过程

1　糯米磨浆取出，在里面加上部分花生和大枣。

2　同时加入白糖，搅匀。

3　放在有芭蕉叶的蒸笼上。

4　将剩余的一些花生和大枣均匀地放在年糕上面，备用。

5　芭蕉叶往内旁边折，方便排气。

6　盖上蒸笼盖，放入烧开的蒸锅中蒸1小时，取出切块即可。

4

5

6

桂花拉糕

{ 时间：50分钟　难易度：★★☆☆☆ }

材料

糯米粉__280克

澄粉__80克

温水__360毫升

玉米油__70毫升

白酒__20毫升

白糖__100克

桂花酱__2大匙

干桂花__适量

制作过程

1　白糖放入容器中，加入温水，拌匀成无颗粒状的糖水。

2　糯米粉、澄粉混合均匀，加入糖水、玉米油和白酒，搅拌成米浆。

3　模具中涂抹玉米油。

4　把米浆倒入模具中，封上保鲜膜。

5　放入烧开的蒸锅中，隔水蒸40分钟。

6　取出后放至冷却，脱模切块后抹上桂花酱，撒上适量干桂花即可。

食用时最好搅拌几下，
能令桂花酱与糕点更好地融合，
增强桂花的清香。

✦DELICIOUS✦
花瓣年糕

{ 时间：15分钟　难易度：★★★☆☆ }

材料

糯米粉__100克

可食用花__10朵

白糖__5克

蜂蜜__15克

花生油__4毫升

制作过程

1　糯米粉放入盆中，倒入开水充分混合，揉成熟面团。

2　将面团分成数个小剂子。

3　将小剂子按压成厚0.5厘米、直径6厘米的圆饼。

4　平底锅倒入花生油后烧热，放入圆饼面团煎熟，一面煎熟后，翻面。

5　翻面后的圆饼贴上可食用花。

6　将煎好的花饼盛入容器中，撒上白糖、淋上蜂蜜即可。

✦ DELICIOUS ✦
红糖年糕

{ 时间：130分钟　难易度：★★☆☆☆ }

材料

糯米粉__500克

水__360毫升

大枣__少许

花生__少许

蕉叶__适量

片状红糖__400克

食用油__少许

制作过程

1 糯米粉过筛备用。

2 新鲜蕉叶洗净抹干，裁剪成跟糕盘匹配的尺寸。

3 片状红糖加水煮溶，放凉。

4 糖水凉了以后，将500毫升红糖水倒入糯米粉里，边倒入边拌匀成粉浆，稍为结实后用手把粉浆慢慢搅拌成面糊。

5 糕盘内部铺上蕉叶，在蕉叶内刷一层油，将面糊倒入。

6 放入蒸锅大火蒸2小时左右，出锅后点缀上大枣和花生，装盘即可。

4

5

6

DELICIOUS

茯苓糕

{ 时间：45分钟　难易度：★★☆☆☆ }

材料	制作过程

茯苓粉__100克

黏米粉__75克

糯米粉__50克

枣泥片__200克

细砂糖__40克

水__100毫升

1　将茯苓粉、糯米粉、黏米粉和细砂糖倒入碗中，拌匀成糕粉。

2　将一半糕粉放入模具中，抹平表面。

3　放入枣泥片，倒入剩下的糕粉，压实后脱模。

4　装入盘中盖上湿纱布，放入蒸笼。

5　开锅后，大火蒸30~40分钟，熟透即可，取出放凉即可食用。

❖DELICIOUS❖

脆皮棒

{ 时间：20分钟　难易度：★★☆☆☆ }

材料

年糕__50克

馄饨皮__50克

蛋黄__2个

白芝麻__10克

盐__2克

花生油__适量

制作过程

1　蛋黄中注入少许水，加入盐，拌匀制成蛋黄液。

2　将年糕放入馄饨皮中，卷起来。

3　抹上适量蛋黄液，将接口粘紧。

4　将蛋黄液涂抹在年糕上，撒上白芝麻。

5　烤盘铺上锡纸，刷上花生油，放入生坯。

6　将烤盘放入上、下火170℃的烤箱中烤制15分钟，取出即可。

⁂ DELICIOUS ⁂
年糕冰沙

{ 时间：30分钟　难易度：★★★☆☆ }

材料

糯米粉__500克

红豆沙__30克

水__15毫升

冰块__210克

牛奶__100毫升

熟黄豆面__30克

干大枣片__少许

砂糖__80克

制作过程

1　糯米粉加入水用手和均匀，放入70克的砂糖，充分混合成面团。

2　蒸笼里铺上棉布，撒上5克砂糖，把糯米面团放进蒸笼，蒸20分钟左右。

3　黄豆面与5克砂糖混合均匀，放入锅中小火慢炒至熟。

4　年糕熟后，将年糕揉搓成型，待稍微冷却后，切成小块，均匀地撒上部分熟黄豆面。

5　在刨冰机里放入冰块磨碎，倒入牛奶，撒上剩余的熟黄豆面。

6　将红豆沙放在刨冰顶端，放上年糕与干大枣片即可。

年糕不要等凉透后再切成小块，
趁温热时就要制作，
否则会沾不上黄豆面。

1

2

⊹DELICIOUS⊹
蔓越莓糯米棒

{ 时间：7小时　难易度：★★★☆☆ }

材料

蔓越莓干__90克

糯米__300克

白砂糖__适量

制作过程

1 糯米放入容器中，加入水浸泡4~6小时。

2 蔓越莓干洗净控水，入锅蒸10分钟至软备用。

3 浸泡好的糯米控水，用木棒捣烂一些，入锅中上火蒸20分钟。取出加入适量白砂糖和少许水混合，捣烂一些继续蒸20分钟，蒸好的糯米再捣烂一些，取适量放入铺好保鲜膜的模具中压实。

4 蒸好的蔓越莓干切碎，取部分放入模具压实。

5 再铺一层糯米压实后铺蔓越莓干，最上面最后铺层糯米压实。

6 等距离插入雪糕棍，包好保鲜膜冷藏定型，定型后取出装盘即可。

4

5

6

❖ DELICIOUS ❖

百果塔

{ 时间：2小时10分钟　难易度：★★★☆☆ }

材料

糯米__500克

大枣__30克

果脯__100克

坚果__50克

蓝莓果酱__少许

甜杏仁果酱__少许

白糖__50克

制作过程

1　大枣、果脯切成碎，坚果捣成碎。

2　糯米蒸熟，加入白糖拌匀。

3　将1/3的糯米均匀地铺在盘子底层，压实。

4　均匀地刷上薄薄的一层蓝莓果酱。

5　再铺上1/3糯米，压实后抹上薄薄的一层甜杏仁果酱。

6　将剩余的糯米铺在甜杏仁果酱上，压实，均匀地撒上果脯碎、坚果碎、大枣碎，盖上保鲜膜，放入冰箱冷冻2小时即可。

4

5

6

❧ DELICIOUS ❧
桃仁玫瑰糕

{ 时间：10小时　难易度：★★☆☆☆ }

材料

糯米__300克

玫瑰花__30克

牛奶__200毫升

核桃仁__适量

白糖_适量

制作过程

1　将糯米浸泡一晚上备用。

2　把玫瑰花冲洗干净，切成细丝。

3　把牛奶倒入锅中加热，放入玫瑰花丝和白糖，煮至香味及颜色析出，白糖溶化。

4　从煮好的牛奶中捞出玫瑰细丝，待冷却后倒入沥干水分的糯米中拌匀。

5　放入蒸锅中蒸至熟透，再用捣棒把糯米捣碎。

6　捣好的玫瑰糕加入核桃仁揉匀，分成等量的小剂子，放入模具中，冷藏2小时即可。

玫瑰牛奶煮时要注意火候，
不宜让牛奶沸腾。

✤ DELICIOUS ✤

糖不甩

{ 时间：20分钟　难易度：★★☆☆☆ }

材料

糯米粉__160克

黏米粉__40克

水__180毫升

生姜__3片

熟花生仁__50克

黑白熟芝麻__适量

白砂糖__30克

红糖__50克

制作过程

1 将糯米粉和黏米粉混合后，加适量水和成光滑的糯米面团，然后搓成多个15克左右的小圆团备用。

2 将圆团放到130毫升的水中煮至漂浮。

3 另起一锅，加入红糖、50毫升水，慢慢搅拌至红糖溶化，加入生姜，煮出香味后捞出。

4 将熟花生仁压碎，加入白砂糖和黑白熟芝麻，搅拌均匀。

5 煮好的小圆团直接捞到糖汁中，小火煮片刻，使糖汁均匀裹满圆团，待糖汁浓稠后关火。

6 将圆团装盘，裹上步骤4增香的配料即可。

4

5

6

DELICIOUS

锦鲤椰汁糖

{ 时间: 35分钟　难易度: ★★★★☆ }

材料

糯米粉__85克

澄粉__21克

椰汁__140毫升

白糖__60克

红糖__7克

橄榄油__1茶匙

巧克力溶液__少量

橙红色食用色素__少许

制作过程

1　糯米粉、澄粉混合后过筛两次，分成5克与105克；椰汁分成126毫升和14毫升。

2　锅中注水烧热，将红糖加入到14毫升椰汁中隔水煮溶，加入两滴橄榄油与105克糯米混合粉和极微量橙红色食用色素，拌匀至无干粉状态。

3　锅中注水烧热，将白糖加入到126毫升的椰汁中，加入大半茶匙橄榄油与5克糯米混合粉，隔水煮溶，拌匀无颗粒状。

4　两种煮好的粉浆分别过筛，使粉浆顺滑无颗粒。

5　准备好锦鲤模具，将橙红色粉浆注入于锦鲤的各个部分，再注入白色粉浆至9分满。

6　放入烧开的蒸锅中大火蒸20分钟，取出放凉约5分钟，脱模，再以巧克力溶液点睛，即可食用。

❖DELICIOUS❖

糖粿

{ 时间：20分钟　难易度：★★☆☆☆ }

材料

糯米粉__100克

白糖__20克

红糖__20克

制作过程

1　把白糖放入糯米粉中。

2　用热水和米粉，不用和得太湿，如果干了可以
　　适当加点水。

3　揪一小块揉成圆形。

4　用手指压出窝。

5　锅里水先烧开，放入汤圆，直至汤圆漂起来就
　　可以捞出。

6　红糖熬成糖水，浇在汤圆的小窝上即可。

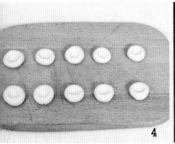
4

5

6

❀ DELICIOUS ❀
红桃粿

{ 时间：13小时　难易度：★★★★☆ }

材料

黏米粉＿150克

去皮绿豆＿150克

花生碎＿50克

雪粉＿80克

水＿165毫升

红烟米＿少许

盐＿3克

花生油＿适量

制作过程

1　去皮绿豆提前一个晚上泡水，洗净后沥干水分，放入蒸锅中蒸熟；黏米粉也放入蒸锅中蒸熟。

2　蒸熟后的绿豆倒入平底锅中不断翻炒，加入盐与花生碎炒成粉状即可。

3　锅中注入水，放入红烟米与黏米粉，小火煮8分钟，揭开锅盖迅速搅拌上劲，然后倒在案台上用手揉成面团。

4　加入雪粉与少许花生油，将面团揉搓均匀，分成等量的小剂子，擀成粿皮。

5　粿皮中放入绿豆沙，封口，包成三角形，放入模具中。

6　把模具放入蒸锅中，蒸8分钟即可食用。

红桃粿又名红曲桃，
取桃果造型而得名。
象征长寿，
表达人们祈福祈寿的愿望。

DELICIOUS

红龟粿

{ 时间：25分钟　难易度：★★★☆☆ }

材料

糯米粉__300克

食用红色素__少许

红豆沙__280克

水__210毫升

细砂糖__70克

花生油__适量

制作过程

1　将糯米粉过筛，加入细砂糖、食用红色素混合均匀，加入水揉成米团状。

2　取55克糯米团放入沸水锅中煮至浮起，捞出后与生米团混合，揉匀。

3　将米团分成等量的小剂子，擀成面皮，分别包入适量的红豆沙，捏合收口，搓圆。

4　模具表面抹上一层花生油，面团表面也刷上少许花生油，方便脱模。

5　将面团放在模具上，按压出纹路。

6　将其装盘，放在烧开的蒸锅中，以小火蒸18分钟至熟，取出即可。

可食用红色色素用量要注意，
不要用太多，
否则成品颜色会过红。

⊰ DELICIOUS ⊱

花生糍粑

{ 时间: 70分钟   难易度: ★★★☆☆ }

材料

糯米粉__200克

黏米粉__100克

花生碎__100克

细砂糖__50克

花生糖__适量

花生油__适量

制作过程

1 黏米粉用慢火炒40分钟，倒进盘里待凉。

2 将糯米粉和30克细砂糖加入适量的水中，搅成米浆后过滤。蒸盘上涂一层花生油，把米浆倒入蒸盘，然后放进锅内隔水大火蒸20分钟至熟。

3 取出糯米粉团，倒入花生碎与剩余细砂糖混合。

4 把黏米粉倒入已凉的糯米粉团里，均匀揉成小圆团，面团用拇指在中间按一个洞，然后加入适量的花生糖，用手指轻压封口即成。

5 成品表面洒上一层炒熟的黏米粉以免粘手。

✦DELICIOUS✦

驴打滚

{ 时间：30分钟　难易度：★★★☆☆ }

材料

糯米粉＿150克

玉米淀粉＿50克

红豆馅＿100克

黄豆面＿适量

花生油＿少许

制作过程

1　碗里刷上一层油，放入玉米淀粉和糯米粉，加入适量水调成面糊状。

2　放入烧开的蒸锅里，蒸20分钟至熟，取出放凉。

3　黄豆面用小火翻炒至熟，过筛备用。

4　黄豆面撒在案板上，放入放凉的糯米面团，再撒上一层黄豆面，用擀面杖来回擀压，擀成0.5厘米厚的面皮。

5　将红豆馅在糯米面皮上涂抹均匀,将面皮一端向前卷起，直至卷到另一边，切成小段即可。

✤DELICIOUS✤

绿豆糕

{ 时间: 30分钟　难易度: ★★☆☆☆ }

材料

无油熟绿豆沙__1000克

蔓越莓干__150克

制作过程

1　将熟绿豆沙在筛网上按压过筛, 使其呈蓬松的细粉状。

2　用刮板将少量绿豆沙填入模具中, 用手指压实。

3　放入蔓越莓干, 再填入绿豆沙。

4　用刮板轻轻压平, 整型。

5　用力将糕饼从模具中压出, 放入冰箱冷藏至定型即可。

可以在糕面上刷一层芝麻油,
增添口感的同时,
还能使成品更有光泽!

✦ DELICIOUS ✦

糯米糍

{ 时间：25分钟　难易度：★★★☆☆ }

材料

玉米淀粉__25克

糯米粉__150克

糖粉__少许

红豆馅__80克

椰丝__适量

橄榄油__25毫升

热水__20毫升

制作过程

1　往装有玉米淀粉的碗中倒入热水，拌匀。

2　将糯米粉倒入大玻璃碗中，再倒入步骤1的材料、橄榄油、糖粉、100毫升冷水，用橡皮刮刀翻拌成无干粉的面团。

3　把面团分成每个重约45克的面团，揉搓成圆形，按扁，放上适量红豆馅，收口后再搓圆，制成糯米糍坯。

4　取蒸锅，注入适量清水，铺上油纸，用竹签戳上几个孔，再放上糯米糍坯。

5　把蒸锅用大火烧开，转中火，蒸约12分钟，取出，裹上一层椰丝，装入纸杯中即可。

做好的糯米糍，
建议室温保存，
尽早吃完。

DELICIOUS

多色芋圆

{ 时间: 40分钟　难易度: ★★★★☆ }

材料

芋头（去皮）__285克

红薯（去皮）__260克

紫薯（去皮）__290克

红薯淀粉__390克

马铃薯淀粉__105克

白砂糖__90克

椰奶__适量

水__90毫升

制作过程

1　红薯、紫薯、芋头分别切片装盘蒸熟。蒸好后把红薯压成泥，加30克白砂糖、120克红薯淀粉、30克马铃薯淀粉，慢慢加30毫升水，揉成面团状，再揉成细长条，切成1厘米的小段。

2　把蒸好的紫薯压成泥，加30克白砂糖、120克红薯淀粉、30克马铃薯淀粉，慢慢加30毫升水，揉成面团状，再揉成细长条，切成1厘米的小段。

3　蒸好的芋头压成泥，加30克白砂糖、150克红薯淀粉、45克马铃薯淀粉，慢慢加30毫升水，揉成芋头团，再揉成细长条，切成1厘米的小段。

4　锅中倒水，大火烧开后，放入圆子转中火煮到圆子浮起来，再煮1~2分钟即可。煮好的圆子立刻放入凉开水中，过一会儿捞出，这样可以让圆子的口感更富弹性爽滑。

5　把三种圆子装入容器中，倒入椰奶即可。

1

2

✦DELICIOUS✦

心太软

{ 时间: 20分钟   难易度: ★★★☆☆ }

材料

大枣__15颗

糯米粉__80克

白糖__10克

制作过程

1 大枣洗净后用小剪刀剪开一边, 去核。

2 糯米粉与白糖混合均匀, 加入适量开水揉成面团。

3 将面团分成均等的小块, 搓成长条状。

4 将面团夹在大枣中间捏拢。

5 将剩余的大枣依次做好, 放入蒸盘中。

6 将蒸盘放入烧开的蒸锅中蒸10分钟, 取出即可。

4

5

6

ors, on boi que...ose
te.on fait du café lait.

Chapter 03

西式素点心

不食用动物油脂、肉类，
会给身体带来怎样的变化？
美食与健康是人们永恒关注的话题之一，
素点心的存在，
给了喜欢各种小零食
又担心影响健康的人们一个新选择！

把细砂糖倒入蛋白中时，
需要一边倒入，
一边用电动打蛋器搅拌均匀，
防止结块。

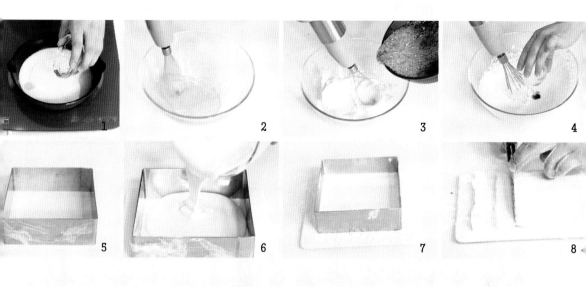

DELICIOUS

棉花糖

{ 时间：10分钟　难易度：★★★☆☆ }

材料

蛋白__35克

细砂糖__150克

葡萄糖浆__50克

水__30毫升

琼脂__10克

香草精__4克

粟粉__适量

制作过程

1　将细砂糖倒入锅里，倒入葡萄糖浆和水，加热至沸腾（约120℃）；将泡软的琼脂加热至熔化。

2　将蛋白倒入搅拌盆中打至蛋白发泡。

3　将糖混合物慢慢倒入蛋白中。

4　倒入熔化后的琼脂搅拌均匀，加入香草精继续搅拌成棉花糖浆。

5　取方形慕斯圈，将慕斯圈的底部包好保鲜膜。

6　将制好的棉花糖浆倒入方形慕斯圈中，在通风处放置至凝固。

7　揭去保鲜膜，在棉花糖的两面都撒上粟粉。

8　用刀沿慕斯圈边沿将棉花糖体脱模，切成适当大小的棉花糖块即可。

DELICIOUS

抹茶蛋白糖

{ 时间: 20分钟　难易度: ★★☆☆☆ }

材料

蛋白__45克

细砂糖__40克

糖粉__10克

抹茶粉__10克

柠檬汁__适量

制作过程

1 将蛋白放入无水无油的干净搅拌盆中。

2 加入细砂糖，搅打至蛋白起大泡。

3 倒入柠檬汁继续搅打至硬性发泡。

4 筛入糖粉和抹茶粉，然后搅拌均匀。

5 将蛋白霜装入裱花袋中，剪出约5毫米的开口。

6 在烤盘上挤出水滴形状的糖坯。

7 烤箱预热至120℃，将烤盘放进烤箱中层，烘烤15分钟即可。

❖ DELICIOUS ❖

棒棒糖

{ 时间：30分钟　难易度：★★★☆☆ }

材料

珊瑚糖__220克

纯净水__22毫升

可食用糯米纸图案

或可食用花__适量

制作过程

1　珊瑚糖和纯净水混合平铺在锅里，小火持续加热至170℃。

2　锅离火降温，待气泡消失，倒入棒棒糖模具没有纸棒孔的一面，冷却5分钟左右至表面凝结。

3　将糯米纸无图案的一面或可食用花放在糖浆上。

4　锅里的糖浆继续加热到130℃左右，另一半模具每个插孔都插上纸棒，倒满糖浆。

5　迅速将有糯米纸的一面模具反扣在有纸棒的模具上，压紧，冷却，修整多余的糖即可。

脆皮水果巧克力

{ 时间：10分钟　难易度：★☆☆☆☆ }

材料

圣女果__80克

香蕉__150克

蜂蜜__25克

椰子油__40毫升

可可粉__25克

制作过程

1　香蕉去皮，切成厚片；洗净的圣女果去蒂。

2　用牙签穿上香蕉片，摆放在盘子周围。

3　同样用牙签将圣女果穿好摆放在盘中，放入冰箱冷冻室，冷冻至表面挂霜。

4　往备好的碗中倒入可可粉、椰子油，拌匀。

5　倒入蜂蜜，再次拌匀，制成脆皮酱待用。

6　取出冷冻好的香蕉和圣女果，表面包裹上一层脆皮酱，将裹好的水果摆放在盘中，待脆皮酱凝固成型后即可食用。

⋆DELICIOUS⋆
香草草莓代巧克力

{ 时间：15分钟　难易度：★☆☆☆☆ }

材料

香草粉__10克

草莓粉__25克

豆浆粉__35克

椰子油__适量

蜂蜜__30克

制作过程

1 往备好的碗中倒入豆浆粉、香草粉、适量的椰子油，拌匀。

2 注入适量的凉开水，倒入蜂蜜，搅拌至浓稠。

3 用保鲜膜盖上封严，放在冰箱里冷藏5分钟。

4 撕开保鲜膜，将其倒入备好的模具中，再次放入冰箱冷藏至凝固。

5 取出模具，放上草莓粉即可。

可以根据自己的喜好，
来增减蜂蜜用量。

草莓巧克力

{ 时间：10分钟   难易度：★☆☆☆☆ }

材料

草莓__10颗

黑巧克力__100克

白巧克力__100克

彩色糖粒__适量

制作过程

1 将白巧克力和黑巧克力分别装入两个搅拌盆中。

2 将两个搅拌盆放入热水中隔水加热。

3 边加热边搅拌盆中的巧克力至其完全融化。

4 将草莓插在棒棒糖棍上，均匀裹上一层白巧克力液。

5 取出另一个草莓插在另一个棒棒糖棍上，均匀裹上一层黑巧克力液。

6 最后在裹好巧克力的草莓表面撒上彩色糖粒，放凉即可。

❖ DELICIOUS ❖

杏仁巧克力烟卷

{ 时间: 10分钟 难易度: ★★★☆☆ }

材料

蛋白__50克

细砂糖__35克

糖粉__20克

杏仁粉__50克

低筋面粉__8克

苦甜巧克力__适量

杏仁碎__适量

制作过程

1 将蛋白打至有大气泡,分两次加入细砂糖打至硬性发泡。

2 筛入糖粉、低筋面粉、杏仁粉拌成细腻面糊。

3 将面糊抹在方形瓦片饼干模具中,刮平表面。

4 揭起瓦片饼干模具,将生坯放进预热至180℃的烤箱中层,烘烤7~9分钟。

5 取出后立即将薄片卷起,静置冷却。

6 将苦甜巧克力隔水加热熔化,将饼干两端沾上巧克力液和杏仁碎,待巧克力凝固即可食用。

将粉类过筛，
再倒入搅拌盆中，
可以让面团质地更细腻。

3

4

5

6

7

8

✦DELICIOUS✦
豆浆巧克力豆饼干

{ 时间：15分钟　难易度：★★☆☆☆ }

材料	制作过程

材料

亚麻子油__30毫升

豆浆__25毫升

枫糖浆__40克

盐__1克

低筋面粉__103克

泡打粉__1克

苏打粉__2克

核桃碎__30克

巧克力豆（切碎）__40克

制作过程

1　将亚麻子油、豆浆、枫糖浆、盐倒入搅拌盆中，用手动打蛋器搅拌均匀。

2　将低筋面粉、泡打粉、苏打粉过筛至搅拌盆里。

3　用橡皮刮刀翻拌至无干粉的状态。

4　倒入巧克力豆碎、核桃碎，拌成饼干面团。

5　将饼干面团分成每个重量约30克的小面团，用手揉搓成圆形。

6　将圆形的小面团压扁，成饼干坯，放在铺有油纸的烤盘上。

7　将烤盘放入已预热至180℃的烤箱中层，烤约10分钟至饼干坯表面上色。

8　取出烤好的饼干装入盘中即可。

DELICIOUS

杏仁薄片

{ 时间: 15分钟　难易度: ★★☆☆☆ }

材料

亚麻子油__15毫升

枫糖浆__40克

豆浆__25毫升

香草精__2.5克

盐__0.5克

杏仁碎__适量

低筋面粉__30克

泡打粉__0.5克

制作过程

1　将亚麻子油、枫糖浆、豆浆搅拌均匀。

2　倒入香草精、盐，搅拌均匀后倒入杏仁碎。

3　筛入低筋面粉、泡打粉，拌成饼干面糊。

4　用勺子舀起一勺制好的饼干面糊，放在铺有油纸的烤盘上，用勺子轻轻修整饼干面糊的形状，制成饼干坯。

5　将烤盘放入已预热至170℃的烤箱中层，烤约10分钟，取出烤好的饼干，待放凉后装入盘中即可。

·DELICIOUS·

红薯玫瑰纹饼干

{ 时间：20分钟　难易度：★★☆☆☆ }

材料

红薯__500克

糖粉__30克

蛋黄__20克

盐__1克

淡奶油__50克

黑芝麻__适量

制作过程

1　将煮熟的红薯过筛，碾成泥状。

2　加入糖粉，搅拌均匀。

3　加入蛋黄，搅拌成均匀的面糊。

4　加入淡奶油，将面糊搅拌均匀。

5　加入盐，搅拌均匀。

6　将面糊装入有圆齿花嘴的裱花袋中。

7　在铺好油纸的烤盘上挤出圆形玫瑰纹的饼干坯。

8　然后在饼干坯上面撒上黑芝麻，放进预热至175℃的烤箱中层烘烤12分钟即可。

面团烤好后，
可先放置冷却片刻，
至表面有余温再切块。

ᕼ DELICIOUS ᕼ

豆浆榛果布朗尼脆饼

{ 时间：45分钟　难易度：★★★☆☆ }

材料

亚麻子油__30毫升

枫糖浆__30克

豆浆__30毫升

盐__0.5克

低筋面粉__75克

可可粉__15克

泡打粉__1克

苏打粉__0.5克

榛果碎__15克

制作过程

1　将亚麻子油、枫糖浆、豆浆、盐倒入搅拌盆中。

2　用手动打蛋器将材料搅拌均匀。

3　将低筋面粉、可可粉、泡打粉、苏打粉过筛至搅拌盆里。

4　以橡皮刮刀翻拌至无干粉的状态。

5　倒入榛果碎。

6　以橡皮刮刀翻拌均匀成面团。

7　将面团放在铺有油纸的烤盘上，用手按压成长条状的块，放入已预热至170℃的烤箱中层，烤约25分钟，取出。

8　用刀切成块，放回油纸上，再放入已预热至170℃的烤箱中层，续烤约10分钟即可。

✦DELICIOUS✦
南瓜营养条

{ 时间：30分钟　难易度：★★☆☆☆ }

材料

低筋面粉__160克

南瓜泥__250克

南瓜子__8克

碧根果仁碎__10克

蔓越莓干碎__10克

蜂蜜__30克

芥花子油__20毫升

泡打粉__1克

制作过程

1　将芥花子油、蜂蜜倒入搅拌盆中，用手动打蛋器搅拌均匀。

2　倒入南瓜泥，搅拌均匀，筛入低筋面粉、泡打粉，搅拌至无干粉的状态。

3　倒入蔓越莓干碎、碧根果仁碎，搅拌均匀。

4　取蛋糕模具，铺上油纸，用橡皮刮刀将拌匀的面糊刮入蛋糕模具内，再抹平。

5　面糊上铺上一层南瓜子，将蛋糕模具放在烤盘上。

6　移入已预热至180℃的烤箱中层，烤约20分钟，取出切条即可。

面糊不要过分搅拌，
如果搅拌过度容易导致出油，
使成品口感变差。

✦ DELICIOUS ✦

素吉拿多

{ 时间：15分钟　难易度：★★☆☆☆ }

材料

芥花子油__30毫升

香草精__2克

盐__0.5克

蜂蜜__50克

低筋面粉__60克

燕麦粉__30克

泡打粉__1克

制作过程

1　将芥花子油、香草精、盐、蜂蜜搅拌均匀。

2　筛入低筋面粉、燕麦粉、泡打粉，翻拌至无干粉的状态，制成饼干面糊。

3　将饼干面糊装入套有圆齿裱花嘴的裱花袋里，用剪刀在裱花袋尖端处剪一个小口。

4　烤盘铺上油纸，在油纸上挤出数个长度约为8厘米的饼干坯。

5　将烤盘放入已预热至180℃的烤箱中层，烘烤约10分钟至上色，取出即可。

✲ DELICIOUS ✲

豆浆饼

{ 时间: 30分钟　难易度: ★★★☆☆ }

材料

枫糖浆__35克

芥花子油__8毫升

盐__0.5克

豆浆__15毫升

香草精__1克

低筋面粉__75克

泡打粉__1克

红豆馅__适量

黑芝麻__10克

制作过程

1　将枫糖浆、芥花子油、盐、豆浆、香草精拌匀。

2　将低筋面粉、泡打粉过筛至步骤1里,以橡皮刮刀翻拌成无干粉的状态,制成饼干面团。

3　将饼干面团分成每个重约35克的小面团,搓圆,再按扁,每个放入约20克的红豆馅,包裹起来后整成栗子的形状。

4　在底部蘸上一层黑芝麻,即成豆浆饼干坯。

5　将豆浆饼干坯放在铺有油纸的烤盘上,放入已预热至170℃的烤箱中,烤约20分钟即可。

用橡皮刮刀搅拌，
可以让面糊不粘碗，
更方便面糊成型。

迷你抹茶司康

{ 时间：35分钟　难易度：★★☆☆☆ }

材料

蜂蜜__40克

芥花子油__25毫升

水__35毫升

盐__1克

低筋面粉__110克

泡打粉__3克

抹茶粉__5克

杏仁片__30克

制作过程

1　将蜂蜜、芥花子油、水倒入搅拌盆中。

2　倒入盐，搅拌均匀。

3　将低筋面粉、泡打粉、抹茶粉过筛至搅拌盆中。

4　用橡皮刮刀将搅拌盆中的材料翻拌至无干粉的状态。

5　倒入杏仁片，继续翻拌均匀，制成抹茶司康面团。

6　取出面团放在操作台上，用擀面杖将面团擀平。

7　用刮板将面团分切成数个大小一致的小方块，放在铺有油纸的烤盘上。

8　将烤盘放入已预热至180℃的烤箱中层，烘烤约25分钟即可。

DELICIOUS

香橙司康

{ 时间：35分钟　难易度：★★☆☆☆ }

材料

蜂蜜__20克

芥花子油__30毫升

水__20毫升

甜酒__5毫升

盐__1克

低筋面粉__140克

泡打粉__2克

香橙丁__12克

制作过程

1　将蜂蜜、芥花子油、水、甜酒倒入搅拌盆中。

2　倒入盐，搅拌均匀。

3　将低筋面粉、泡打粉过筛至搅拌盆中。

4　用橡皮刮刀将材料翻拌至无干粉的状态。

5　倒入香橙丁，翻拌均匀后用手轻轻揉成光滑的面团，制成香橙司康面团。

6　取出香橙司康面团，放在操作台上。

7　用刮板将其分成四等份，放在铺有油纸的烤盘上。

8　将烤盘放入已预热至180℃的烤箱中层，烤约25分钟即可。

素点心烘烤容易过干，
烘烤时需要注意面团的干湿度，
以免烤焦。

❖ DELICIOUS ❖

胡萝卜松饼

{ 时间：35分钟　难易度：★★☆☆☆ }

材料

胡萝卜汁__170毫升

低筋面粉__147克

蜂蜜__60克

芥花子油__35毫升

泡打粉__1克

苏打粉__1克

盐__0.5克

制作过程

1　将芥花子油、蜂蜜倒入搅拌盆中，用手动打蛋器搅拌均匀。

2　倒入胡萝卜汁，搅拌均匀，倒入盐，拌匀。

3　将低筋面粉、泡打粉、苏打粉过筛至搅拌盆中，搅拌成无干粉的面糊。

4　将面糊装入裱花袋中，用剪刀在裱花袋尖端处剪一个小口。

5　取松饼模具，放上松饼纸杯，挤入面糊至八分满。

6　将松饼模具放入已预热至180℃的烤箱中层，烤约30分钟，取出烤好的胡萝卜松饼，脱模后装盘即可。

4

5

6

❦ DELICIOUS ❦

橄榄佛卡夏面包

{ 时间：2小时　难易度：★★★★☆ }

制作过程

酵母粉__1克

水__45毫升

高筋面粉__75克

盐__2克

蜂蜜__20克

芥花子油__20毫升

黑橄榄碎__5克

黑橄榄__适量

1　将酵母粉倒入装有水的碗中，拌成酵母水。

2　将高筋面粉、酵母水、盐、蜂蜜、芥花子油拌至无干粉的状态，制成面团，反复揉和摔打，使面团起筋，再揉光滑、按扁，放入黑橄榄碎揉匀。

3　盖上保鲜膜，室温发酵约60分钟，擀成厚度约2厘米的面皮，室温发酵20分钟，放在烤盘上，刷芥花子油，放黑橄榄，再发酵20分钟。

4　将烤盘放入已预热至200℃的烤箱中层，烘烤约15分钟即可。

❖DELICIOUS❖

大蒜佛卡夏

{ 时间：2小时　难易度：★★★★☆ }

材料

高筋面粉__200克

细砂糖__5克

酵母粉__2克

水__120毫升

橄榄油__8毫升

盐__2克

大蒜__10片

迷迭香__4克

制作过程

1　将高筋面粉、细砂糖、酵母粉放盆中拌匀，加入
　　水和橄榄油，揉成团，加入盐，揉均匀，盖上
　　保鲜膜，发酵约25分钟，分成两等份，搓成椭
　　圆形，表面喷少许水，饧10~15分钟。

2　将两个椭圆形面团用擀面杖擀成长圆形，放在
　　烤盘上，发酵约60分钟，刷上橄榄油，压入大
　　蒜，撒上迷迭香。

3　烤箱以上火210℃、下火190℃预热，将烤盘置
　　于烤箱中层，烤15~20分钟，取出即可。

1

2

欧陆红莓核桃面包

{ 时间：2小时　难易度：★★★★☆ }

材料

面团：

高筋面粉＿＿200克

全麦面粉＿＿45克

黑糖＿＿20克

酵母粉＿＿2克

温水＿＿150毫升

橄榄油＿＿16毫升

盐＿＿5克

红莓干（切碎）＿＿35克

核桃（切碎）＿＿35克

装饰：

高筋面粉＿＿适量

制作过程

1　将黑糖倒入温水中，搅拌至溶化。

2　将高筋面粉、全麦面粉、酵母粉拌匀，再倒入黑糖水、橄榄油和盐，揉成面团。

3　加入核桃碎和红莓干碎，拌均匀，揉圆，放入盆中，包上保鲜膜，发酵约20分钟。

4　取出发酵好的面团，分成两等份，并揉圆，表面喷少许水，松弛10~15分钟，分别把两个面团擀成椭圆形，然后把面团两端向中间对折，卷起成橄榄形。

5　把整形好的面团放在烤盘上，最后发酵约50分钟（每过一段时间可以喷少许水），发酵好后在面团表面撒上适量高筋面粉。

6　烤箱以上火180℃、下火175℃预热，将烤盘置于烤箱中层，烤约27分钟，取出即可。

4

5

6

用手不停将面团推平，
再卷起，
转个方向继续推平，
这样会使材料融合得更均匀。

⸨DELICIOUS⸩
咖喱面包

{ 时间：2小时　难易度：★★★★★ }

材料

馅料：

咖喱__35克

青椒丁__15克

胡萝卜丁__15克

洋葱丁__15克

盐__1克

芥花籽油__少许

面团：

高筋面粉__150克

豆浆__60毫升

枫糖浆__15克

酵母粉__2克

芥花子油__15毫升

盐__2克

制作过程

1　锅中倒油烧热，放入青椒丁、胡萝卜丁、洋葱丁炒香，倒入咖喱、盐炒软，即成馅料。

2　将酵母粉倒入豆浆中拌匀，制成酵母豆浆。

3　将面团材料拌至无干粉的状态，制成面团。

4　取出面团反复揉和甩打至起筋，揉光滑。

5　将面团放回搅拌盆中，盖上保鲜膜，室温发酵约30分钟后，擀成厚度约2厘米的面皮。

6　将馅料放在面皮上，用橡皮刮刀抹均匀。

7　将面皮从外向内卷成圆柱体，放在烤盘上，斜切几刀，露出内馅，室温发酵约40分钟。

8　将烤盘放入预热至180℃的烤箱中层，烘烤约20分钟，取出即可。

长颈鹿蛋糕卷

{ 时间：1小时30分钟　难易度：★★★★★ }

材料

蛋黄糊：

色拉油__20毫升

蛋黄__3个

糖粉__10克

牛奶__45毫升

低筋面粉__40克

粟粉__15克

可可粉__15克

蛋白霜：

蛋白__4个

细砂糖__40克

内馅：

淡奶油__100克

细砂糖__12克

制作过程

1　将色拉油、牛奶拌均匀后，倒入糖粉继续搅拌。

2　筛入低筋面粉及粟粉，搅拌均匀后倒入蛋黄，搅打均匀，分出1/3装入另一搅拌盆，作为原味面糊。

3　剩下的2/3加入可可粉，搅拌均匀，制成可可面糊。

4　取另一干净的搅拌盆，倒入蛋白及40克细砂糖，用电动打蛋器快速打发，分成均等的两份，分别加入到可可面糊和做法2的原味面糊中，搅拌均匀，制成可可蛋糕糊和原味蛋糕糊。

5　将原味蛋糕糊装入裱花袋，在铺有油纸的边长28厘米的方形烤盘中画出长颈鹿的纹路，再放入预热至170℃的烤箱中烘烤2分钟。

6　取出烤盘，在表面倒入可可蛋糕糊，抹平，放入烤箱，以170℃烘烤约12分钟，烤好后，取出，撕下油纸，放凉。

7　在新的搅拌盆中倒入淡奶油及12克细砂糖，快速打发，抹在蛋糕没有斑纹的那一面。

8　抹匀后利用擀面杖将蛋糕体卷起，放入冰箱冷藏30分钟定型。

抹茶芒果戚风卷

{ 时间：60分钟　难易度：★★★★★ }

材料

蛋黄糊：

蛋黄__3个

糖粉__35克

抹茶粉__10克

牛奶__40毫升

色拉油__30毫升

低筋面粉__50克

蛋白霜：

蛋白__3个

糖粉__35克

夹馅：

淡奶油__200克

糖粉__30克

芒果丁__适量

制作过程

1　将牛奶与色拉油倒入搅拌盆中，搅拌均匀，倒入35克糖粉，搅拌均匀。

2　筛入低筋面粉及抹茶粉，搅拌均匀。

3　倒入蛋黄，搅拌均匀，制成蛋黄糊。

4　取另一搅拌盆，倒入蛋白及35克糖粉打发，制成蛋白霜。

5　将1/3蛋白霜倒入蛋黄糊中，搅拌均匀，再倒回至剩余的蛋白霜中，搅拌均匀，制成蛋糕糊。

6　将蛋糕糊倒在铺好油纸的30厘米×41厘米的烤盘上，抹平，放进预热至220℃的烤箱中，烘烤8~10分钟。

7　将淡奶油及30克糖粉倒入搅拌盆中，用电动打蛋器打发。

8　取出烤好的蛋糕体，撕下油纸，放凉，抹上已打发的淡奶油，均匀撒上芒果丁，卷起，放入冰箱冷藏定型即可。

⚡ DELICIOUS ⚡

胡萝卜蛋糕

{ 时间：60分钟　难易度：★★★★☆ }

材料

芥花籽油__40毫升

枫糖浆__70克

豆浆__75毫升

盐、泡打粉__各1克

胡萝卜丝__90克

全麦面粉__70克

苏打粉__0.5克

豆腐__300克

柠檬汁__10毫升

柠檬皮碎__5克

制作过程

1　将芥花籽油、40克枫糖浆、豆浆、盐倒入搅拌盆中，拌均匀，倒入胡萝卜丝，拌均匀，筛入全麦面粉、泡打粉、苏打粉，制成蛋糕糊。

2　将蛋糕糊倒入模具中，轻轻震几下，抹平整，放入已预热至180℃的烤箱中，烤约35分钟。

3　将脱模的蛋糕放在转盘上，切成两片蛋糕片。

4　豆腐用电动打蛋器搅打成泥，倒入30克枫糖浆、柠檬皮碎、柠檬汁拌均匀，制成蛋糕馅。

5　将蛋糕馅抹在一片蛋糕上，盖上另一片蛋糕，剩余蛋糕馅涂抹在蛋糕表面，抹均匀即可。

❧ DELICIOUS ❧

苹果蛋糕

{ 时间：20分钟　难易度：★★★☆☆ }

材料

低筋面粉＿120克

苹果丁＿45克

苹果汁＿120毫升

淀粉＿15克

芥花子油＿30毫升

蜂蜜＿40克

泡打粉＿1克

苏打粉＿1克

杏仁片＿少许

制作过程

1　将芥花子油、蜂蜜、苹果汁放入盆中，搅拌均匀。

2　将低筋面粉、淀粉、泡打粉、苏打粉过筛至搅拌盆中，搅拌至无干粉的状态，倒入苹果丁，搅拌均匀，制成苹果蛋糕糊，装入裱花袋。

3　取蛋糕纸杯，挤入苹果蛋糕糊至八分满。

4　撒上杏仁片。

5　将蛋糕纸杯放在烤盘上，再将烤盘移入已预热至180℃的烤箱中层，烤约15分钟即可。

❦ DELICIOUS ❦
豆腐慕斯蛋糕

{ 时间：3小时30分钟　难易度：★★★★☆ }

材料

蛋糕糊：

芥花籽油__30毫升

豆浆__30毫升

枫糖浆__35克

柠檬汁__2毫升

盐__1克

低筋面粉__60克

可可粉__15克

泡打粉__1克

苏打粉__1克

慕斯馅：

豆腐渣__250克

枫糖浆__30克

装饰：

开心果碎__适量

制作过程

1　将芥花籽油、豆浆、35克枫糖浆、柠檬汁、盐倒入搅拌盆中，用手动打蛋器搅拌均匀。

2　筛入低筋面粉、可可粉、泡打粉、苏打粉，翻拌至无干粉的状态，制成蛋糕糊。

3　烤盘铺油纸，放上两个慕斯圈后倒入蛋糕糊，定型后移走慕斯圈，放入预热好的烤箱，以上、下火180℃烘烤约10分钟。

4　待时间到，取出烤好的蛋糕，待放凉后用慕斯圈按压蛋糕，去掉多余的边角料。

5　将豆腐渣、30克枫糖浆倒入干净的搅拌盆中，用手动打蛋器搅拌均匀，即成慕斯馅。

6　将一块蛋糕放在铺有保鲜膜的慕斯圈里，倒入慕斯馅至八分满，再盖上一块蛋糕。

7　移入冰箱冷藏3个小时以上，取出，脱模。

8　将盘子放在转盘上，再将冷藏好的豆腐慕斯蛋糕放在盘中。

9　放上开心果碎作装饰即可。

捣奥利奥饼干前，
应将白色夹心去除，
不然口感不好。

可可曲奇豆腐蛋糕

{ 时间：20分钟　难易度：★★☆☆☆ }

材料

蛋糕糊：

豆腐__200克

枫糖浆__30克

豆浆__100毫升

柠檬汁__8毫升

奥利奥饼干__80克

装饰：

奥利奥饼干__2块

制作过程

1　将80克奥利奥饼干装入搅拌盆中，用擀面杖捣成碎。

2　将豆腐、枫糖浆、豆浆、柠檬汁倒入搅拌机中。

3　将材料搅打成泥，倒入玻璃碗中。

4　倒入适量奥利奥饼干碎，用橡皮刮刀搅拌均匀，制成豆腐泥。

5　将1/3的豆腐泥倒入铺有奥利奥饼干碎的透明玻璃罐中。

6　铺上一层奥利奥饼干碎。

7　倒入1/3的豆腐泥，铺上一层奥利奥饼干碎。

8　倒入剩下的1/3豆腐泥，铺上一层奥利奥饼干碎，并放上奥利奥饼干作装饰即可。

DELICIOUS

玉米蛋糕

{ 时间: 60分钟　难易度: ★★★☆☆ }

材料

蛋糕糊:

低筋面粉__120克

玉米汁__140毫升

蜂蜜__20克

玉米粉__15克

芥花子油__25毫升

泡打粉__1克

苏打粉__1克

盐__1克

玉米面碎:

芥花子油__10毫升

藻糖__1克

玉米粉__10克

低筋面粉__25克

制作过程

1　将藻糖、10毫升芥花子油倒入搅拌盆中,用叉子搅拌均匀。

2　倒入10克玉米粉、25克低筋面粉,搅拌至无干粉的状态,用叉子分散,制成玉米面碎。

3　将蜂蜜、25毫升芥花籽油倒入搅拌盆中,用手动打蛋器搅拌均匀。

4　倒入盐,搅拌均匀。

5　倒入玉米汁,搅拌均匀。

6　筛入玉米粉15克、泡打粉、苏打粉、低筋面粉120克,搅拌至无干粉的状态,制成蛋糕糊。

7　取磅蛋糕模具,倒入蛋糕糊,再用擦网将玉米面碎擦成丝后铺在蛋糕糊上。

8　将模具放在烤盘上,再移入已预热至180℃的烤箱中层,烤约40分钟,取出,放凉,脱模,装盘即可。

玉米面碎不需要揉和,
只需要搅拌成粗颗粒,
再打散一些即可。

在烘焙前，
先将干果炒熟，
再撒在蛋糕坯上，
味道更好。

无糖椰枣蛋糕

{ 时间: 50分钟 难易度: ★ ★ ★ ☆ ☆ }

材料

芥花子油__30毫升

椰浆__30毫升

南瓜汁__200毫升

盐__0.5克

低筋面粉__160克

泡打粉__2克

苏打粉__2克

干大枣（去核）__10克

碧根果仁__15克

制作过程

1 将芥花子油、椰浆倒入搅拌盆中，用手动打蛋器搅拌均匀。

2 倒入南瓜汁、盐，搅拌均匀。

3 将低筋面粉、泡打粉、苏打粉过筛至搅拌盆中。

4 搅拌至无干粉的状态，制成蛋糕糊。

5 将蛋糕糊倒入铺有油纸的蛋糕模中。

6 铺上干大枣，撒上捏碎的碧根果仁。

7 将蛋糕模放在烤盘上，再移入已预热至180℃的烤箱中层，烤约35分钟。

8 取出烤好的无糖椰枣蛋糕，脱模后装盘即可。

1

2

樱桃开心果杏仁蛋糕

{ 时间：40分钟　难易度：★★★☆☆ }

材料

蜂蜜__60克

芥花子油__8毫升

低筋面粉__15克

杏仁粉__75克

水__80毫升

泡打粉__2克

开心果碎__4克

新鲜樱桃__60克

制作过程

1 将蜂蜜、芥花子油倒入搅拌盆中，用手动打蛋器搅拌均匀。

2 将低筋面粉、杏仁粉过筛至盆里，用橡皮刮刀翻拌至无干粉的状态。

3 倒入水，翻拌均匀，倒入泡打粉，继续拌匀，即成蛋糕糊。

4 将蛋糕糊装入裱花袋中，用剪刀在裱花袋尖端处剪一个小口。

5 取蛋糕模具，放上蛋糕纸杯，挤入蛋糕糊至七分满，撒上开心果碎，放上新鲜樱桃。

6 将蛋糕模具放入已预热至180℃的烤箱中层，烤约20分钟即可。

4

5

6

₰DELICIOUS₰
黑加仑玛德琳蛋糕

{ 时间: 40分钟   难易度: ★★★☆☆ }

材料

低筋面粉__70克

黑加仑浓缩液__30毫升

芥花子油__40毫升

蜂蜜__50克

泡打粉__2克

水__30毫升

盐__1克

制作过程

1 将芥花子油、蜂蜜、水倒入搅拌盆中,搅拌均匀。

2 黑加仑浓缩液倒入搅拌盆中,用手动打蛋器搅拌均匀。

3 倒入盐,拌匀。

4 将低筋面粉、泡打粉过筛至搅拌盆中,搅拌成无干粉的面糊,制成蛋糕糊。

5 将蛋糕糊装入裱花袋中。

6 用剪刀在裱花袋尖端处剪一个小口。取玛德琳蛋糕模具,挤入蛋糕糊至满。

7 将玛德琳蛋糕模具放入已预热至180℃的烤箱中层,烤约20分钟即可。

8 将烤好的黑加仑玛德琳蛋糕取出,脱模后装盘即可。

在将蛋糕糊注入模具前,
用油先刷一遍模具,
可以让烤好的蛋糕更容易脱模。

将蛋糕糊挤入模具中时，
要垂直挤入，
以免产生气泡。

柠檬玛德琳蛋糕

{ 时间：40分钟　难易度：★★★☆☆ }

材料

低筋面粉__80克

柠檬汁__30毫升

水__30毫升

蜂蜜__40克

泡打粉__2克

盐__1克

芥花子油__40毫升

制作过程

1　将蜂蜜、芥花子油倒入搅拌盆中，用手动打蛋器搅拌均匀。

2　倒入柠檬汁、水，边倒边搅拌均匀。

3　倒入盐，搅拌均匀。

4　将低筋面粉、泡打粉过筛至盆中，搅拌至无干粉的状态，制成蛋糕糊。

5　将蛋糕糊装入裱花袋中。

6　用剪刀在裱花袋尖端处剪一个小口，取玛德琳蛋糕模具，挤入蛋糕糊至满。

7　轻轻震几下，使蛋糕糊更加平整。

8　将蛋糕模具放入已预热至180℃的烤箱中层，烤约10分钟即可。

DELICIOUS

豆腐提拉米苏

{ 时间：20分钟　难易度：★★★☆☆ }

材料

蛋糕坯__1块

豆腐__150克

豆浆__30毫升

枫糖浆__23克

水__15毫升

咖啡粉__适量

可可粉__少许

碧根果__少许

制作过程

1　将豆腐、豆浆、15克枫糖浆倒入搅拌机中，启动搅拌机，将材料搅打成泥，即成蛋糕糊。

2　用水将咖啡粉调匀，加入8克枫糖浆搅拌均匀，制成糖浆。

3　将蛋糕坯切成丁，装入杯中，刷上糖浆。

4　将蛋糕糊倒在蛋糕丁上，用橡皮刮刀将表面抹平。

5　将可可粉筛在蛋糕糊表面，最后放上碧根果点缀即可。

DELICIOUS

芒果布丁

{ 时间：4小时10分钟　难易度：★★☆☆☆ }

<table>
<tr><td>材料</td><td>制作过程</td></tr>
</table>

芒果酱__100克
果冻粉__25克
细砂糖__20克
朗姆酒__10毫升

1　将芒果酱倒入锅里，边加热边用橡皮刮刀搅拌均匀。

2　先倒入一部分细砂糖。

3　搅拌均匀后再倒入剩余的细砂糖，至细砂糖完全与芒果酱融合。

4　倒入果冻粉，用橡皮刮刀继续搅拌。

5　倒入朗姆酒搅拌均匀，果冻液完成。

6　将果冻液倒入甜品杯中抹平，放入冰箱冷藏4小时至凝固即可。

煮好布丁浆后，
可先用小勺撇去表面泡沫，
再倒入杯中，
以免凝固的布丁有泡沫不美观。

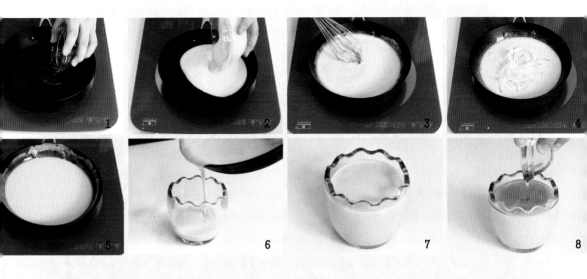

豆浆枫糖布丁

{ 时间：4小时10分钟　难易度：★★☆☆☆ }

材料

豆浆__250毫升

枫糖浆__40克

水发琼脂__80克

装饰用枫糖浆__15克

制作过程

1　平底锅中倒入枫糖浆。

2　倒入豆浆。

3　开火加热平底锅，边加热边搅拌至冒热气。

4　转小火，倒入水发琼脂。

5　继续搅拌至其溶化，即成豆浆枫糖布丁液。

6　取布丁杯，倒入豆浆枫糖布丁液。

7　将豆浆枫糖布丁液放入冰箱冷藏约4个小时。

8　取出冷藏好的豆浆枫糖布丁，淋上装饰用枫糖浆即可。

DELICIOUS

椰香果冻

{ 时间：4小时10分钟　难易度：★★☆☆☆ }

材料

蜂蜜__35克

水__50毫升

琼脂粉__10克

椰浆__50毫升

制作过程

1　平底锅中倒入蜂蜜，再倒入水。

2　开火加热平底锅，边加热边搅拌至冒热气。

3　倒入琼脂粉，搅拌均匀，边倒入椰浆，边搅拌均匀，即成椰香果冻液。

4　取果冻杯，倒入椰香果冻液。

5　滴几滴椰浆，用竹签划出一个图案。

6　将椰香果冻液放入冰箱冷藏约4个小时，取出冷藏好的椰香果冻即可。

⋇ DELICIOUS ⋇

蓝莓果冻

{ 时间：4小时10分钟　难易度：★★☆☆☆ }

材料	制作过程

蓝莓__50克

草莓丁__5克

葡萄汁__50毫升

浓缩柠檬汁__8毫升

水__100毫升

琼脂粉__17克

1 平底锅中倒入葡萄汁、水、浓缩柠檬汁。

2 开火加热平底锅，边加热边搅拌至冒热气。

3 边倒入琼脂粉，边搅拌均匀，即成果冻液。

4 关火，待果冻液稍稍放凉后倒入果冻杯中。

5 往杯中倒入蓝莓、草莓丁，轻轻搅拌几下使其混合均匀。

6 将果冻杯放入冰箱冷藏4个小时至凝固即可。

❖ DELICIOUS ❖

豆浆椰子布丁挞

{ 时间：60分钟　难易度：★★★★★ }

材料

挞皮：

芥花子油__60毫升

枫糖浆__40克

低筋面粉__120克

泡打粉__2克

挞馅：

豆腐__200克

豆浆__300毫升

枫糖浆__60克

椰子粉__30克

淀粉__20克

低筋面粉__20克

椰丝__40克

制作过程

1　将芥花子油、40克枫糖浆倒入搅拌盆中，用手动打蛋器搅拌均匀，加入泡打粉、120克低筋面粉，用橡皮刮刀翻拌至无干粉的状态，制成挞皮面团。

2　面团包好保鲜膜，用擀面杖擀成厚度约4毫米的面皮。用正方形慕斯圈压出正方形的面皮，放在烤盘上，用叉子在面皮表面戳透气孔，放入已预热至180℃的烤箱中层，烘烤约10分钟，取出，放凉，备用。

3　将豆腐、豆浆、60克枫糖浆放入搅拌机中，搅打成浆，倒入搅拌盆中，筛入椰子粉、淀粉、20克低筋面粉，搅拌至无干粉的状态，制成面糊。

4　取一个平底锅，倒入面糊，边加热边搅拌至面糊浓稠，制成挞馅。

5　用保鲜膜包住正方形慕斯圈做底，放入挞皮，再倒入挞馅至七分满，抹平表面。

6　椰丝放入已预热至180℃的烤箱中层，烘烤约10分钟，取出后撒在布丁挞的成品上，放入冰箱冷藏片刻，取出脱模，切块即可。

面皮贴入模具后，
表面要戳透气孔，
以免烘烤时内部鼓起。

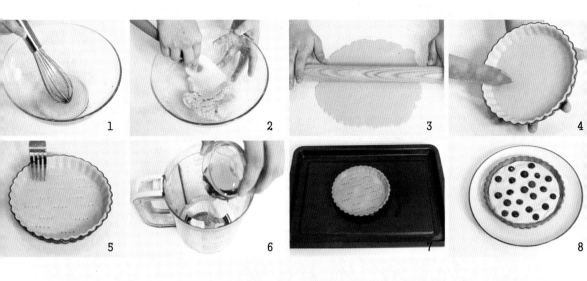

✦ DELICIOUS ✦

蓝莓挞

{ 时间：40分钟　难易度：★★★☆☆ }

材料

挞皮：

芥花籽油__20毫升

枫糖浆__30克

低筋面粉__90克

泡打粉__2克

挞馅：

豆腐__100克

枫糖浆__22克

装饰：

蓝莓__20克

制作过程

1　将芥花籽油、30克枫糖浆放入盆中搅拌均匀。

2　筛入低筋面粉、泡打粉，拌匀，制成挞皮面团。

3　取出面团擀成厚度约4毫米的面皮。

4　将面皮扣在挞模上，压实，用刀将挞模上多余的面皮切掉。

5　用叉子在面皮表面戳透气孔，放入已预热至180℃的烤箱中层，烘烤约10分钟。

6　将豆腐、22克枫糖浆倒入搅拌机中，将材料搅打成泥，制成挞馅。

7　取出烤好的挞皮，待放凉后脱模。

8　将挞馅倒入挞皮中至八分满，放上蓝莓做装饰即可。

⁂ DELICIOUS ⁂
无花果挞

{ 时间：1小时30分钟　难易度：★★★★☆ }

材料

挞皮：

低筋面粉__60克

芥花籽油__30毫升

枫糖浆__20克

杏仁粉__15克

泡打粉__2克

盐__0.5克

苏打粉__2克

挞馅：

杏仁粉__50克

低筋面粉__10克

泡打粉__2克

枫糖浆__30克

芥花子油__10毫升

豆浆__50毫升

无花果干（对半切）__适量

制作过程

1 将30毫升芥花子油、20克枫糖浆、盐倒入搅拌盆中，用手动打蛋器搅拌均匀。

2 筛入15克杏仁粉、60克低筋面粉、2克泡打粉、2克苏打粉，翻拌均匀，制成挞皮面团。

3 取出面团，放在铺有保鲜膜的操作台上，用擀面杖擀成厚度为4毫米的面皮。

4 将面皮倒扣在挞模上，切掉挞模上多余的面皮，用叉子在面皮上戳透气孔。

5 将挞模放入已预热至180℃的烤箱中层，烘烤约10分钟，即成挞皮。

6 将30克枫糖浆、10毫升芥花籽油、豆浆倒入搅拌盆中，边倒边搅拌均匀。

7 将50克杏仁粉、2克泡打粉、10克低筋面粉过筛至搅拌盆中，用手动打蛋器搅拌均匀，制成挞馅。

8 取出挞皮，倒入挞馅至七分满，再放上无花果干。

9 移入预热至180℃的烤箱中层，烘烤约30分钟即可。

❊DELICIOUS❊

南瓜挞

{ 时间：1小时30分钟　难易度：★★★★☆ }

材料

挞皮__1个（参考P147）

南瓜__150克

豆腐__100克

盐__0.5克

枫糖浆__22克

杏仁碎__少许

大枣块__少许

制作过程

1 将蒸熟的南瓜装入过滤网中，用橡皮刮刀按压沥干多余的水分。

2 将沥干水分的南瓜倒入搅拌机中，再倒入豆腐、盐、枫糖浆，搅打成泥，即为挞馅，装碗备用。

3 将挞馅装入裱花袋中，用剪刀在裱花袋尖端处剪一个小口。

4 取出烤好的挞皮，挤入挞馅至九分满，放上大枣块、杏仁碎做装饰即可。

⁂DELICIOUS⁂

迷你草莓挞

{ 时间：1小时30分钟　难易度：★★★★☆ }

材料

挞皮__适量（参考P147）

低筋面粉__60克

枫糖浆__30克

芥花子油__10毫升

豆浆__50毫升

泡打粉__2克

草莓丁__25克

制作过程

1　取一个干净的搅拌盆，倒入芥花子油、枫糖浆、豆浆，搅拌均匀。

2　将低筋面粉、泡打粉过筛至盆里，搅拌成无干粉的面糊，即成挞馅。

3　将挞馅装入裱花袋，用剪刀在裱花袋尖端处剪一个小口，往挞皮上挤入挞馅至八分满。

4　放上草莓丁，移入已预热至180℃的烤箱中层，烤约15分钟即可。

❧ DELICIOUS ❧
土豆番茄豌豆三明治

{ 时间：10分钟　难易度：★★☆☆☆ }

材料

吐司__2片

西红柿块__50克

熟土豆块__150克

水煮豌豆__20克

核桃仁碎__8克

芥黄酱__20克

制作过程

1 将熟土豆块倒入搅拌盆中，用擀面杖将其捣碎成泥。

2 盆中挤入一点芥黄酱，继续将食材捣碎。

3 取一片吐司，用抹刀将适量土豆泥涂抹在吐司上。

4 沿着吐司对角线摆放上西红柿块，再放上水煮豌豆，将剩余的土豆泥涂抹在上面，用抹刀抹匀。

5 撒上一层核桃仁碎，沿着对角线按"Z"字形挤上芥黄酱。

6 盖上另一片吐司，用齿刀沿着对角线切开，装入盘中即可。

4　　　　　5　　　　　6

使用喷枪时，
请注意用火安全，
以免烫伤。

✦DELICIOUS✦
水果比萨

{ 时间：60分钟　难易度：★★★★☆ }

材料

高筋面粉__120克

酵母粉__2克

水__80毫升

盐__1克

植物油__适量

苹果（切片）__50克

芒果（切丁）__50克

橘子瓣__30克

蜂蜜__少许

开心果碎__少许

制作过程

1 酵母粉中倒入一半水，拌匀，制成酵母水。

2 将高筋面粉、酵母水、剩余的水、盐混合。

3 翻拌至面团表面光滑，盖上保鲜膜。

4 室温发酵约30分钟，取出，擀成厚度为2厘米的面皮。

5 锅中倒入植物油加热，倒入苹果片、芒果丁，炒至上色，倒入橘子瓣炒匀，盛出备用。

6 将面皮铺在平底锅上，将炒好的水果放在面皮上铺好，用小火煎出香味。

7 盖上锅盖，继续用小火煎至底部上色，揭开锅盖，用喷枪烘烤水果表面。

8 继续煎一会儿，盛出比萨并装入盘中，表面淋上少许蜂蜜，撒上开心果碎即可。

✦ DELICIOUS ✦

豆腐甜椒比萨

{ 时间：60分钟　难易度：★★★★☆ }

材料

高筋面粉__150克

豆腐__65克

甜椒酱__20克

圣女果（切片）__20克

黑橄榄（切片）__6克

枫糖浆__15克

白芝麻__4克

酵母粉、盐__各2克

水__90毫升

制作过程

1 将酵母粉倒入水中，搅拌均匀成酵母水。

2 将高筋面粉、盐、酵母水、枫糖浆翻拌至无干粉的状态，制成面团，重复揉和甩打至面团起筋，再揉至面团表面光滑，室温发酵30分钟。

3 面团擀成厚度约2厘米的面皮，移入烤盘，用刷子沾上甜椒酱，再均匀刷在面皮表面。

4 将豆腐捣碎，放在面皮上，抹均匀，放上圣女果片、黑橄榄片、白芝麻，放入已预热至200℃的烤箱中层，烘烤约15分钟即可。